¡Mira allí!
¡Tiburones!

MARAVILLAS
ANIMALES 09

LOS TIBURONES

KATE RIGGS

CREATIVE EDUCATION | CREATIVE PAPERBACKS

índice

¡Mira allí! ¡Tiburones! 1

Vida en el océano 7

Peces dientudos 8

Aletas y piel áspera 10

¡Hora de comer! 12

Crías de tiburón 14

¿Qué hacen los tiburones? 16

¡Adiós, tiburones! 18

Imagina un tiburón 20

Palabras que debes conocer 22

Índice alfabético 24

Publicado por Creative Education y Creative Paperbacks
P.O. Box 227, Mankato, Minnesota 56002
Creative Education y Creative Paperbacks
son marcas editoriales de Creative Company
www.thecreativecompany.us

Diseño de Graham Morgan
Dirección de arte de Blue Design (www.bluedes.com)
Traducción de TRAVOD, www.travod.com

Fotografías de Alamy (Stephen Frink Collection), Dreamstime (Vladislav
Gajic), Flickr (Biodiversity Heritage Library), Getty (cdascher, Michele
Westmorland, Todd Bretl Photography), Pexelsm (GEORGE DESIPRIS,
Glenda), Shutterstock (cbpix, Rich Carey), Superstock (Agliolo, Mike; Minden
Pictures; Wu, Norbert)

Library of Congress Cataloging-in-Publication Data

Names: Riggs, Kate, author.
Title: Los tiburones / by Kate Riggs.
Other titles: Sharks. English
Description: Mankato, Minnesota : Creative Education and Creative
   Paperbacks, [2025] | Series: Maravillas | Includes index. | Audience:
   Ages 4-7 | Audience: Grades K-1 | Summary: "An engaging introduction to
   sharks, this beginning reader features eye-catching photographs,
   humorous captions, and easy-to-read facts about this ocean animal"--
   Provided by publisher.
Identifiers: LCCN 2023049156 (print) | LCCN 2023049157 (ebook) | ISBN
   9798889891024 (library binding) | ISBN 9781682775257 (paperback) | ISBN
   9798889891321 (ebook)
Subjects: LCSH: Sharks--Juvenile literature
Classification: LCC QL638.9 .R55218 2025 (print) | LCC QL638.9 (ebook) |
   DDC 597.3--dc23/eng/20231130

Impreso en China

Los tiburones son peces grandes. Viven en los océanos.

Los tiburones tienen dientes afilados y puntiagudos. Tienen **mandíbulas** fuertes.

Los tiburones tienen **aletas** y una cola. La piel de un tiburón es áspera. Se siente como papel de lija.

ESTA ES LA ALETA QUE VES EN LAS PELÍCULAS.

11

La mayoría de los tiburones comen carne. Se alimentan de peces y otros animales del océano.

¿ME COMEN . . . A MÍ? ¡OH, NO!

A un tiburón bebé se lo conoce como cría. Una cría en general crece sola.

ALGUNOS TIBURONES VIVEN JUNTOS EN BANCOS.

Los tiburones nadan por el océano. Buscan comida.

¡Adiós,
tiburones!

[Imagina un tiburón]

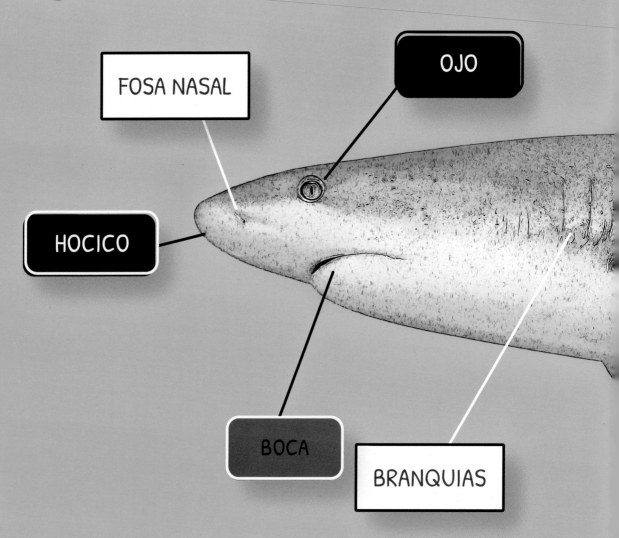

FOSA NASAL

OJO

HOCICO

BOCA

BRANQUIAS

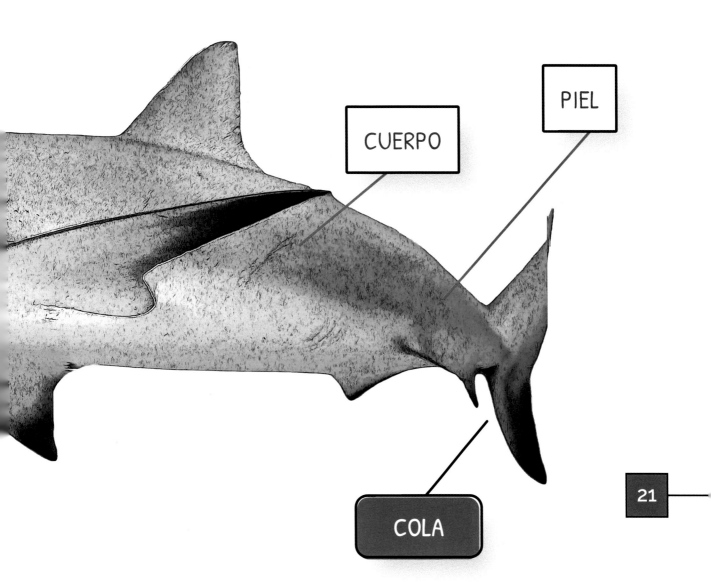

CUERPO

PIEL

COLA

21

PALABRAS QUE DEBES CONOCER

aleta: parte del cuerpo de un pez que se usa para nadar

banco: un grupo de peces, como tiburones

mandíbulas: las partes superior e inferior de la boca

océano: un área grande de agua profunda y salada

ÍNDICE ALFABÉTICO

aletas, 10, 21

bancos, 15

colas, 10, 21

comida, 12, 16

crías, 14

dientes, 9, 20

mandíbulas, 9

nadar, 16

océanos, 7, 16

piel, 10, 21